SAÍRAS DO BRASIL

NEMOSIA, HEMITHRAUPIS, PIPRAEIDEA,
IXOTHRAUPIS, STILPNIA, TANGARA

TANAGERS OF BRAZIL

NEMOSIA, HEMITHRAUPIS, PIPRAEIDEA,
IXOTHRAUPIS, STILPNIA, TANGARA

Catalogação na Fonte
Elaborado por: Dayanne Leal Souza
Bibliotecária CRB 9/2162

C331s
2024

Carvalho, Joaquim da Silva
Saíras do Brasil = Tanagers of Brazil: Nemosia, Hemithraupis, Pipraeidea, Ixothraupis, Stilpnia, Tangara / Joaquim da Silva Carvalho. – 1. ed. – Curitiba: Appris, 2024.
130 p. : il. ; 23 cm.

Inclui bibliografias.
ISBN 978-65-250-7147-3

1. Saíras. 2. Brasil. 3. Pássaros. 4. Aves. 5. Natureza. I. Carvalho, Joaquim da Silva. II. Título.

CDD – 598.7

Editora e Livraria Appris Ltda.
Av. Manoel Ribas, 2265 – Mercês
Curitiba/PR – CEP: 80810-002
Tel. (41) 3156 - 4731
www.editoraappris.com.br

Printed in Brazil
Impresso no Brasil

Joaquim da Silva Carvalho

SAÍRAS DO BRASIL

NEMOSIA, HEMITHRAUPIS, PIPRAEIDEA,
IXOTHRAUPIS, STILPNIA, TANGARA

TANAGERS OF BRAZIL

NEMOSIA, HEMITHRAUPIS, PIPRAEIDEA,
IXOTHRAUPIS, STILPNIA, TANGARA

Curitiba, PR
2024

FICHA TÉCNICA

EDITORIAL	Augusto V. de A. Coelho Sara C. de Andrade Coelho
COMITÊ EDITORIAL	Marli Caetano Andréa Barbosa Gouveia (UFPR) Edmeire C. Pereira (UFPR) Iraneide da Silva (UFC) Jacques de Lima Ferreira (UP)
SUPERVISORA EDITORIAL	Renata C. Lopes
PRODUÇÃO EDITORIAL	Sabrina Costa
REVISÃO	J. Vanderlei
TRADUÇÃO PARA INGLÊS	Sibilla Cielo
SUPORTE	Gabriela Carvalho
DIAGRAMAÇÃO	Andrezza Libel
CAPA	Daniela Baum
REVISÃO DE PROVA	Sabrina Costa

Apoio / Support by

Gaia Silva Gaede Advogados — Gaia Social

À minha família, Sema, Márcia, Valéria e Gabriela, pelo apoio incondicional à realização deste trabalho e pela disponibilidade sempre que necessária.

*Ao naturalista Rolf Grantsau (*in memoriam*) meu mestre, colega de muitos anos na Sociedade Ornitológica Bandeirante e parceiro em várias incursões pela Mata Atlântica.*

Ao Dr. Fernando Gaia a quem se deve inteiramente a existência deste livro. É dele a iniciativa, o desafio inesperado, o apoio incondicional de toda natureza, que resultou no Saíras do Brasil.

Num mundo cada vez mais materialista, cada vez mais individualista e impessoal, muito raramente se encontra alguém tão solidário.

* * *

To my family, Sema, Márcia, Valéria and Gabriela, for their unconditional support in carrying out this work and for their availability whenever necessary.

*To the naturalist Rolf Grantsau (*in memoriam*) my master, colleague for many years at the Bandeirante Ornithological Society and partner in several forays into the Atlantic Forest.*

To Dr. Fernando Gaia, to whom the existence of this book is entirely due. His was the initiative, the unexpected challenge, and the unconditional support of all kinds, which resulted in Tanagers of Brazil.

In an increasingly materialistic, individualistic and impersonal world, it is very rare to find someone so supportive.

Apresentação

Saíras do Brasil é uma obra inédita na literatura ornitológica brasileira que oferece um panorama abrangente das diversas espécies de saíras que habitam nosso país. Escrito pelo ambientalista Joaquim da Silva Carvalho, um apaixonado pela avifauna do Brasil, este livro não apenas cataloga as nossas saíras, mas também destaca aquelas que estão sob ameaça de extinção, enfatizando a urgência da preservação e o papel fundamental que essas aves desempenham como indicadores da qualidade do meio ambiente.

Com abordagem precisa e acessível, Joaquim da Silva Carvalho apresenta cada espécie de saíra, descrevendo suas características distintivas, habitat, comportamentos e status de conservação. Além disso, a obra, belissimamente fotografada por Edson Endrigo, fotógrafo de aves mundialmente reconhecido, fornece informações detalhadas sobre os principais desafios enfrentados por esses pássaros, incluindo perda de habitat, mudanças climáticas, poluição e atividades humanas prejudiciais.

O Gaia Social, projeto de responsabilidade social desenvolvido pelo Gaia Silva Gaede Advogados, tem imenso orgulho em apoiar esta obra significativa, que não apenas enriquece o conhecimento ornitológico do Brasil, mas também promove conscientização sobre a importância da conservação das aves e de seus habitats naturais. *Saíras do Brasil* é mais do que um guia – é um apelo à ação, um convite para preservar e celebrar a rica biodiversidade da avifauna brasileira. Junte-se a nós nesta missão de conservação e descubra a beleza e a importância da nossa fauna alada.

Fernando Antonio Cavanha Gaia
Gaia Social

Presentation

Tanagers of Brazil is an unprecedented work in Brazilian ornithological literature that offers a comprehensive overview of the different species of tanagers that inhabit our country. Written by the environmentalist Joaquim da Silva Carvalho, passionate about Brazil's birdlife, this book not only catalogs our tanagers, but also highlights those that are under threat of extinction, emphasizing the urgency of preservation and the fundamental role these birds play as indicators of the quality of the environment.

Using a precise and accessible approach, Joaquim da Silva Carvalho presents each tanager species, describing its distinctive characteristics, habitat, behaviors and conservation status. Furthermore, the work, beautifully photographed by world-renowned bird photographer Edson Endrigo, provides detailed information about the main challenges faced by these birds, including habitat loss, climate change, pollution and harmful human activities.

Gaia Social, a social responsibility project developed by Gaia Silva Gaede Advogados, is immensely proud to support this significant work, which not only enriches Brazil's ornithological knowledge, but also promotes awareness on the importance of conserving birds and their natural habitats. *Tanagers of Brazil* is more than a guide – it is a call to action, an invitation to preserve and celebrate the rich biodiversity of Brazilian birdlife. Join us on this conservation mission and discover the beauty and importance of our winged fauna.

Fernando Antonio Cavanha Gaia
Gaia Social

Prefácio

Ainda me lembro muito bem a primeira vez que eu tive a oportunidade de observar um grupo de saíras na natureza. Estava caminhando por uma trilha em uma área de Mata Atlântica bem preservada no litoral norte de São Paulo e, de repente, uma grande movimentação de aves me chamou atenção na copa de uma árvore. Consegui me aproximar e o que eu vi foi um show de cores e beleza. Eram pelo menos quatro espécies diferentes de saíras, formando um grande bando multicolorido. Essa imagem nunca mais saiu da minha mente.

Dentre todos os grupos de aves, as saíras estão entre as mais bonitas. São aves preferencialmente de habitats florestais que geralmente estão em grupo. Isso fica claro para um observador atento percorrendo uma trilha em uma das nossas duas grandes florestas, a Amazônia ou a Mata Atlântica. Entretanto, as saíras também estão presentes em áreas mais abertas, bordas de mata e mesmo dentro de cidades e podem ser encontradas em todos os biomas brasileiros.

Ao longo de toda a publicação, os textos e informações precisas de Joaquim da Silva Carvalho, somados às belíssimas fotos de Edson Endrigo, nos ensinam sobre a ecologia e a beleza dessas espécies. Na primeira parte do livro também fica claro o importante papel que as saíras exercem nas florestas, como dispersoras de sementes de várias espécies de frutos, cumprindo um serviço ecossistêmico chave.

O Brasil é o primeiro país das Américas em número de aves globalmente ameaçadas de extinção. Infelizmente, algumas das espécies de saíras aqui ilustradas se encontram nessa lista, como a Saíra-apunhalada e o Pintor-verdadeiro.

O livro *Saíras do Brasil* é uma celebração à biodiversidade brasileira. Além de toda a contribuição em termos de conhecimento técnico, essa publicação também representa um alerta para a importância da conservação da diversidade de aves do nosso país.

Pedro F. Develey
Diretor Executivo – SAVE Brasil

Preface

I clearly remember the first time I had the opportunity to observe a group of tanagers in nature. I was walking along a trail in a well-preserved Atlantic Forest area on the north coast of São Paulo when, suddenly, a large movement of birds caught my attention at the top of a tree. I managed to get closer and saw a show of colors and beauty. There were at least four different species of tanagers, forming a large multicolored flock. That image never left my mind.

Considering all groups of birds, tanagers are among the most beautiful. They are birds preferably from forest habitats and are usually in groups. This is clear to an attentive observer walking a trail in one of our two great forests, the Amazon or the Atlantic Forest. However, tanagers are also present in more open areas, forest edges and even within cities and can be found in all Brazilian biomes.

Throughout the publication, the texts and precise information by Joaquim da Silva Carvalho, combined with the beautiful photos by Edson Endrigo, teach us about the ecology and beauty of these species. The first part of the book also makes clear the important role that tanagers play in forests, as dispersers of seeds of various species of fruit, fulfilling a key ecosystem service.

Brazil is the first country in the Americas in terms of the number of birds globally threatened with extinction. Unfortunately, some of the tanager species illustrated here are on this list, such as the Cherry-throated Tanager and the Seven-colored Tanager.

The book *Tanagers of Brazil* is a celebration of Brazilian biodiversity. In addition to all the contribution in terms of technical knowledge, this publication also represents an alert to the importance of conserving the diversity of birds in our country.

Pedro F. Develey
Executive Director – SAVE Brasil

Sumário

Contents

Introdução

O planeta tem cerca de 10.000 espécies de aves. A América do Sul é o continente com a maior quantidade e por isso é considerado o Continente das Aves. Nesse caleidoscópio de florestas e campos, de cordilheiras e planícies, a Colômbia se destaca, seguida pelo Brasil, com aproximadamente 2.000 espécies, Peru e Venezuela. Frequentemente são descobertas novas espécies e, em consequência, a ordem das posições pode se alterar.

Esta é uma obra de divulgação e identificação, entretanto, os princípios básicos da Ornitologia foram observados e respeitados. Este livro informa o nome científico de cada ave apresentada, que é único em qualquer país do planeta, independentemente do idioma utilizado. É um recurso para identificar o indivíduo, caso o nome popular cause alguma dúvida. No Brasil, conforme a região, muitas aves têm nomes diferentes; é o caso, por exemplo, do *Antilophia bokermanni*, conhecido nacionalmente como soldadinho-do-araripe e regionalmente como galo-da-mata, cabeça-vermelha-da-mata, e lavadeira-da-mata. Outro exemplo: o popular azulão, cujo nome científico é *Cyanoloxia brissonii*, é conhecido em regiões diversas como azulão-verdadeiro, azulão-bicudo, gurundi-azul, tiatã, azulão-do-nordeste e azulão-do-sul; ou seja, só no Brasil, esse pássaro tem pelo menos sete nomes populares diferentes. Daí a utilidade do nome científico universal.

Em Ornitologia existem três palavras-chave: gênero, espécie e subespécie. A definição de cada uma delas, simplificando, é a seguinte:

Gênero: define um grupo de espécies de algum modo aparentadas.

Espécie: é o elemento base da identificação da ave, fundamentado em características próprias.

Subespécie: refere-se a diversas populações de uma espécie, separadas geograficamente e com alguma variação morfológica entre si.

Em outras palavras: quando parte da população de uma determinada espécie se separa por algum motivo, e se no decorrer do tempo essas duas populações apresentarem processo evolutivo diferenciado, elas adquirem algumas características próprias que evidentemente as diferenciam entre si, embora tenham a mesma ancestralidade. Cada uma dessas populações passa a ser uma subespécie.

Avançando um pouco mais nesse tema, pode acontecer que uma subespécie continue desenvolvendo maior diferenciação relativa à outra parte e, assim, cria-se um novo padrão, o que faz com que passe a ser considerada uma nova espécie.

As espécies aqui apresentadas estão entre as mais espetaculares da avifauna brasileira e mundial. Contudo, outras igualmente bonitas ficaram de fora; por exemplo os beija-flores. O espaço oferecido por um livro que tem a intenção de popularizar conhecimento, não pode ultrapassar certos limites. Apesar disso, as belíssimas e populares saíras, Gêneros *Nemosia, Hemithraupis, Pipraeidea, Ixothraupis, Stilpnia* e *Tangara* que compõem este livro, estão totalmente representadas com as 29 espécies que fazem parte da avifauna brasileira.

O nome Saíra segundo Rodolfo Garcia, estudioso da língua Tupi, vem de ça-ir, que significa "aquele que tudo olha", mais *rã*, que significa "parecido", ou seja, "aquele que é parecido com o curioso que tudo olha", referência à inquieta curiosidade típica desses pássaros.

São aves de pequeno porte (entre 11,0 e 15,0 cm), plumagem densa, macia e muito colorida, predominantemente florestais, exclusivas das Américas, principalmente da América do Sul e América Central.

Morfologia: macho e fêmea são frequentemente semelhantes, sendo que neste caso, os machos em geral possuem plumagem mais brilhante.

Vocalização: canto pouco elaborado, simples, curto e repetitivo.

Alimentação: principalmente frutos de árvores, de arbustos, de epífitas, de cipós, botões de flores, néctar, pequenos organismos como insetos, aracnídeos e outros. É notável a preferência pelos frutos da pixirica (*Miconia spp*), da embaúba (*Cecropia spp*), da candiúva (*Trema micrantha)* e da capororoca *(Rapanea spp)*. São boas dispersoras de sementes.

Reprodução: a época de reprodução em geral é de setembro a janeiro, principalmente, mas não exclusivamente, no Sudeste do Brasil. O ninho é em forma de taça ou tigela, com uma ou outra variante, construído em galhos, forquilhas, pecíolos das folhas de bananeira, às vezes até nos cachos da fruta, bromélias, etc. Os materiais utilizados são líquens, musgos, folhas e fragmentos de folhas, fibras vegetais e outros. Duas a três posturas no período, de 2 a 4 ovos. A incubação é de 15 a 17 dias; a fêmea choca e o macho permanece nas proximidades. Os filhotes atingem a maturidade por volta de 12 meses; até lá, sua plumagem é parecida com a da fêmea.

Apreciam banhar-se, inclusive em grandes bromélias, mesmo a baixa altura. Por vezes, saíras de um bando se revezam por alguns minutos nessa atividade.

Uma ação esporadicamente observada nas saíras, tangarás, gaturamos e outros, é o chamado "banho de formiga". A ave pega a formiga com o bico e a esfrega em si mesma, mais precisamente na extremidade das asas, nas coxas e no baixo ventre; se for uma formiga grande, voa para um galho com ela no bico, bate repetidamente a formiga nele, para então esfregá-la. Há diversas explicações sobre esse comportamento, entretanto, nenhuma delas está devidamente comprovada. A explicação mais comum, é que é para se livrar de parasitas pela ação do ácido fórmico acumulado nas formigas.

Distribuição Geográfica: será comentada mais adiante, espécie por espécie.

Introduction

The planet has around 10,000 species of birds. South America is the continent with the largest quantity and is therefore considered the Continent of Birds. In this kaleidoscope of forests and fields, mountain ranges and plains, Colombia stands out, followed by Brazil, with approximately 2,000 species, then Peru and Venezuela. New species are frequently discovered and, as a result, the order of positions may change.

This is a work of dissemination and identification. Basic principles of Ornithology were observed and respected. This book provides the scientific name of each bird presented, which is unique in any country on the planet, regardless of the language used. It is a resource to identify the individual in case the popular name raises questions. In Brazil, depending on the region, many birds have different names. This is the case, for example, of *Antilophia bokermanni*, known nationally as soldadinho-do-araripe (araripe's little soldier) and regionally as galo-da-mata, cabeça-vermelha-da-mata, and lavadeira-da-mata. Another example: the popular azulão (Ultramarine Grosbeak), whose scientific name is *Cyanoloxia brissonii*, is known in different regions as azulão-verdadeiro , azulão-bicudo, gurundi-azul, tiatã, azulão-do-nordeste and azulão-do-sul. In other words, in Brazil alone, this bird has at least seven different popular names. Hence the usefulness of the universal scientific name.

In Ornithology there are three keywords: genus, species and subspecies. The definition of each of them, simply put, is as follows:

Genus: defines a group of species that are somehow related.

Species: is the basic element of bird identification, based on its own characteristics.

Subspecies: refers to several populations of a species, geographically separated and with some morphological variation between them.

In other words: when part of the population of a given species separates for some reason, and if over time these two populations present a different evolutionary process, they acquire some characteristics of their own that evidently distinguish them from each other, even though they have the same ancestry. Each of these populations becomes a subspecies.

Advancing a little further on this topic, it may happen that a subspecies continues to develop greater differentiation in relation to the other part and, thus, a new pattern is created, which causes it to be considered a new species.

The species presented here are among the most spectacular of Brazilian and global avifauna. However, others that were equally beautiful were left out; for example, hummingbirds. The space offered by a book intended to popularize knowledge cannot exceed certain limits. Despite this, the beautiful and popular tanagers, Genera *Nemosia, Hemithraupis, Pipraeidea, Ixothraupis, Stilpnia* and *Tangara,* that make up this book, are fully represented with the 29 species that are part of the Brazilian avifauna.

The name *Saíra* (Portuguese name for Tanager), according to Rodolfo Garcia, a scholar of the Tupi language, comes from *ça-ir,* which means "the one who looks at everything", plus *rã,* which means "similar", that is, "the one similar to the curious person who looks at everything", a reference to the restless curiosity, which is typical of these birds.

They are small birds (between 11.0 and 15.0 cm), with dense, soft and very colorful plumage, predominantly forest birds, exclusive to the Americas, mainly South America and Central America.

Morphology: male and female are often similar, and in this case, males generally have brighter plumage.

Vocalization: little elaborate, simple, short and repetitive singing.

Food: mainly fruits of trees, shrubs, epiphytes, vines, flower buds, nectar, small organisms such as insects, arachnids and others. They notably prefer fruits of *pixirica* (*Miconia spp*), *embaúba* (*Cecropia spp*), *candiúva* (*Trema micrantha*) and *capororoca* (*Rapanea spp*). They are good seed dispersers.

Reproduction: the breeding season is generally from September to January, mainly, but not exclusively, in Southeast Brazil. The nest is shaped like a cup or bowl, with one variant or another, built on twigs, tree forks, petioles of banana leaves, sometimes even on fruit clusters, bromeliads, etc. The materials used are lichens, mosses, leaves and leaf fragments, plant fibers and others. Two to three postures per period, 2 to 4 eggs. Incubation is 15 to 17 days; the female hatches and the male remains nearby. Baby birds reach maturity at around 12 months; until then, their plumage is similar to that of the female.

They enjoy bathing, including in large bromeliads, even at low altitudes. Sometimes, members of a group take turns doing this activity for a few minutes.

An action sporadically observed in tanagers, manakins and others, is the so-called "ant bath". The bird catches the ant with its beak and rubs it on itself, more precisely on the ends of its wings, thighs and lower abdomen; if it is a large ant, the bird flies to a branch with it in its beak, hits the ant repeatedly on it, and then rubs it. There are several explanations for this behavior, however, none of them has been properly proven. The most common explanation is that it is to get rid of parasites through the action of formic acid accumulated in the ants.

Geographic Distribution: to be discussed further ahead, species by species.

Frutos preferidos e as saíras mais assíduas / Favorite fruits and the most assiduous tanagers

Planta / Plant	Nome Popular	English Name
***Miconia (spp)*- Pixirica**	Saíra-galega	Yellow-backed Tanager
	Saíra-ferrugem	Rufous-headed Tanager
	Saíra-amarela	Burnished-buff Tanager
	Saíra-sete-cores	Green-headed Tanager
	Saíra-militar	Red-necked Tanager
	Saíra-lagarta	Brassy-breasted Tanager
***Cecropia (spp)*- Embaúba**	Saíra-amarela	Burnished-buff Tanager
	Saíra-sete-cores	Green-headed Tanager
	Saíra-militar	Red-necked Tanager
	Saíra-douradinha	Gilt-edged Tanager
	Saíra-lagarta	Brassy-breasted Tanager
	Saíra-cambada-de-chaves	White-bellied Tanager
***Trema micranthra*- Candiúva**	Saíra-galega	Yellow-backed Tanager
	Saíra-amarela	Burnished-buff Tanager
	Saíra-sete-cores	Green-headed Tanager
	Saíra-militar	Red-necked Tanager
	Saíra-lagarta	Brassy-breasted Tanager
***Rapanea (spp)*- Capororoca**	Saíra-de-chapéu-preto	Hooded Tanager
	Saíra-ferrugem	Rufous-headed Tanager
	Saíra-amarela	Burnished-buff Tanager
	Saíra-douradinha	Gilt-edged Tanager
	Saíra-lagarta	Brassy-breasted Tanager

Plantas que produzem frutos e atraem pássaros em geral, inclusive saíras / Plants that produce fruits and attract birds in general, including tanagers

Nome Popular	English Name	Nome Científico / Scientific Name
Acerola	Acerola	*Malpighia spp*
Amoreira	Mulberry tree	*Morus nigra*
Araçá-boi	Araça-mark	*Eugenia stipitata*
Aroeira-vermelha	Red mastic tree	*Schinus terebinthifolia*
Bananeira	Banana tree	*Musa spp (*)*
Calabura	Calabura	*Muntingia calabura*
Calicarpa	Calicarp	*Callicarpa spp*
Figueira-brava	Wild fig tree	*Ficus gomelleira*
Jambolão	Jambolan	*Syzygium cumini*
Laranjeira	Orange tree	*Citrus sinensis*
Leiteiro	Leiteiro	*Peschiera fuchiaefolia*
Magnólia	Magnolia	*Magnolia spp*
Mamoeiro	Papaya	*Carica papaya*
Nespereira	Loquat tree	*Eriobotrya japonica*
Piracanta	Pyracantha	*Pyracantha coccinea*
Pitangueira	Brazilian cherry tree	*Eugenia uniflora*
Seafortia	Seafortia	*Archontophoenix alexandrae (**)*

Nome Popular	English Name	Nome Científico / Scientific Name
Tangerineira	Tangerine tree	*Citrus reticulata*
Tapiá-açu	Tapiá	*Alchornea glandulosa*

(*) A bananeira apesar do seu porte não é uma árvore; é uma planta herbácea. / The banana tree, despite its size, is not a tree; is an herbaceous plant.
(**) A Seafortia é uma palmeira. / Seafortia is a palm tree.
As demais citações são de árvores de porte variado e arbustos. / The other citations are of trees of varying sizes and shrubs.

Figueira-braçadeira ou **Manga-da-praia**

Clusia sp, da família das Clusiáceas

Da flor ao fruto maduro.

Nativa da Mata Atlântica é mais uma planta que atrai pássaros.

* * *

Fig Tree or **Beach Mango**

Clusia sp, from the Clusiaceae family

From flower to ripe fruit.

Native to the Atlantic Forest, it is another plant that attracts birds.

Fotos de / Photos by Valéria Carvalho

Bromélia / Bromeliad

Bromélia (*Quesnelia testudo*) fotografada na mata à margem do rio, em Ubatuba, SP.

* * *

Bromeliad (*Quesnelia testudo*) photographed in the forest on the riverbank, in Ubatuba, SP.

Fotos de / Photos by Valéria Carvalho

As Saíras e os Tangarás

Frequentemente os nomes *Tangara* e Tangará são entendidos popularmente como relativos ao mesmo gênero, ou seja, aos mesmos pássaros. Na realidade são de gêneros diferentes e, consequentemente, pássaros diferentes.

Tangara é o gênero do maior grupo dentre aqueles que são denominados saíra; pertence à família Thraupidae.

Já os Tangarás pertencem à família Pipridae. Os piprídeos são pequenas aves de cerca de 13 cm, com a silhueta frequentemente mais arredondada do que as saíras, coloridas, de hábitos florestais e com alimentação centrada em frutos e insetos. A característica mais notável é que executam uma dança chamada de acasalamento, muito elaborada e marcante, o que não é característica das saíras.

Os tangarás mais conhecidos são o tangará-dançarino (*Chiroxiphia caudata*) e a rendeira (*Manacus manacus*).

O tangará-dançarino, nas cores azul, vermelha e preta, é conhecido pela dança de acasalamento que realiza num ramo ou cipó mais ou menos horizontal. Um macho inicia a dança sozinho, mas acaba atraindo outros machos que também dançam, em fila, enquanto a fêmea observa. Na ausência desta, um jovem imaturo eventualmente toma o seu lugar, sem qualquer rejeição por parte dos machos adultos, talvez pelo fato de sua cor ser idêntica à da fêmea (verde-oliva).

Já a rendeira macho, branca e preta, realiza a dança de acasalamento após fazer uma certa limpeza numa pequena área no chão, voando repetidamente do solo para uma vara mais ou menos na posição vertical, com forte estalo das asas que lembra o barulho dos bilros durante a confecção da renda.

Tanagers and Manakins

Often the names *Tangara* and *Tangará* (Portuguese for Manakin) are popularly understood as relating to the same genus, that is, the same birds. In reality, they are of different genera and, consequently, different birds.

Tangara is the genus of the largest group among those called tanager; it belongs to the *Thraupidae* family.

Manakins belong to the *Pipridae* family. Piprids are small birds measuring around 13 cm whose silhouette is often more rounded than that of tanagers. They are colorful, with forest habits and a diet focused on fruits and insects. The most striking characteristic of Manakins is that they perform a dance called mating, which is very elaborate and striking, and which is not characteristic of Tanagers.

The best-known manakins are the tangará-dançarino/swallow-tailed Manakin (*Chiroxiphia caudata*) and the rendeira/ white-bearded Manakin (*Manacus manacus*).

The swallow-tailed Manakin, in blue, red and black, is known for the mating dance it performs on a more or less horizontal branch or vine. A male starts the dance alone, but ends up attracting other males who also dance, in a line, while the female watches. In its absence, an immature young bird eventually takes its place, without any rejection from the adult males, perhaps because its color is identical to that of the female (olive green).

The male white-bearded Manakin, which is black and white, performs the mating dance after cleaning a small area on the ground, repeatedly flying from the ground to a stick in a more or less vertical position, with a strong clacking of the wings that resembles the noise of bobbins during lace making.

Morfologia / Morphology

Desenho de/ Drawing by Marcia Carvalho

1 Maxila superior	**1 Upper jaw**
2 Narina	**2 Nostril**
3 Fronte	**3 Forehead**
4 Anel ocular	**4 Eye ring**
5 Píleo	**5 Crown**
6 Nuca	**6 Nape**
7 Dorso	**7 Back**
8 Coberteiras superiores	**8 Wing coverts**
9 Rêmiges secundárias	**9 Secondaries**
10 Urupígio	**10 Uppertail coverts**
11 Retrizes	**11 Tail**
12 Crisso	**12 Undertail coverts**
13 Rêmiges primárias	**13 Primaries**
14 Barriga	**14 Belly**
15 Peito	**15 Breast**
16 Garganta	**16 Throat**
17 Mento	**17 Chin**
18 Mandíbula	**18 Mandible**

Hibridismo inter-espécies

O Hibridismo inter-espécies ocorre quando dois indivíduos do mesmo gênero, mas de espécies diferentes, acasalam; o produto desse acasalamento é denominado híbrido.

Enquanto que entre os vegetais a hibridação é comum, entre os animais é excepcional; nesta particularidade evidentemente incluem-se as aves. Ernst Mayr destacado biólogo alemão, no seu livro Populações, espécies e evolução, comenta que entre alguns milhares de indivíduos, somente um é híbrido. Deve-se destacar que o híbrido resultante do cruzamento de duas espécies diferentes, mas do mesmo gênero, frequentemente é infértil.

Os principais motivos da ocorrência do tema aqui abordado são:

a. As duas espécies paternas vivem na mesma região geográfica (espécies simpátricas); o cruzamento é ocasional.

b. Ocupam áreas diferentes, mas fronteiriças, contínuas. Cruzamento ocasional.

c. Modificações no habitat por interferência humana, especialmente atividades agropecuárias.

d. Caça excessiva de exemplares da mesma espécie, quase sempre os machos. As fêmeas eventualmente aceitam indivíduos de outra espécie.

O híbrido aqui focalizado é resultante do cruzamento da Saíra-douradinha (*Tangara cyanoventris*), nas páginas 110 e 111, com a Saíra-lagarta (*Tangara desmaresti*), nas páginas 112 e 113.

Identificação visual:

1. No aspecto geral o híbrido em discussão tem aparência muito semelhante à das duas saíras acima mencionadas, e diferenças marcantes em relação às demais 27 saíras objeto deste livro. Observação: as duas saíras são simpátricas.

2. Peito predominantemente azul, característico da Saíra-douradinha.

3. Anel ocular azul semelhante ao da Saíra-lagarta.

4. Barriga tingida de verde a exemplo das duas saíras mencionadas.

5. Cor amarela na cabeça que se observa, em maior ou menor extensão, nas duas saíras.

A foto desta matéria é de autoria de Edson Endrigo e foi obtida quando liderava um grupo de observadores de aves, numa região de Mata Atlântica bem preservada e próxima à cidade de São Paulo.

Inter-species hybridism

Inter-species hybridism occurs when two individuals of the same genus, but of different species, mate; the result of this mating is called a hybrid.

Hybridization is common among plants, but it is exceptional among animals; this particularity obviously includes birds. Ernst Mayr, a prominent German biologist, comments in is book Populations, Species and Evolution that among a few thousand individuals, only one is a hybrid. It should be noted that the hybrid resulting from the crossing of two different species, but of the same genus, is often infertile.

The main reasons for that to occur are:

a. The two paternal species live in the same geographic region (sympatric species); interbreeding is occasional.

b. They occupy different but continuous border areas. Interbreeding is occasional.

c. Habitat modifications due to human interference, especially agricultural activities.

d. Excessive hunting of specimens of the same species, almost always males. Females occasionally accept individuals of another species.

The hybrid focused on here is the result of crossing the Gilt-edged Tanager (*Tangara cyanoventris*), in pages 110 and 111, with the Brassy-breasted Tanager (*Tangara desmaresti*), in pages 112 and 113.

Visual identification:

1. In general terms, the hybrid bird under discussion is very similar to the two tanagers mentioned above. It also has a specific differences in relation to the other 27 tanagers covered in this book. Note: the two tanagers are sympatric.

2. Predominantly blue breast, characteristic of the Gilt-edged Tanager.

3. Blue eye ring similar to that of the Brassy-breasted Tanager.

4. Green-tinged belly, like the two tanagers mentioned.

5. There is yellow on the heads of both tanagers, to a greater or lesser extend.

The photo in this article was taken by Edson Endrigo in the Atlantic Forest, when he was leading a group of birdwatchers.

A observação de aves

Há uma relação antiga entre o homem e a ave. O homem pré-histórico era caçador e através dos séculos essa relação de caçador e caça se manteve. Há, entretanto, uma vertente atual que representa evolução: o homem está caçando menos e observando mais.

Há milhões de observadores de aves distribuídos pelo planeta. No Brasil ainda há muito espaço para crescimento, contudo, já existem núcleos de observadores e profissionais, alguns de alta capacidade, que orientam e ensinam as técnicas de observação e fotografia. De toda forma, cada um pode optar por atividade independente e aprender com o erro e o acerto.

Existem diversos gravadores portáteis de campo usados para atrair aves, com microfone direcional, bastante eficazes. No entanto, necessitam de técnica de utilização e aproximação, que por vezes resultam em longos períodos de total imobilidade.

Já a observação pura e acidental não tem maiores restrições. A observação é feita a olho nu ou com binóculos; destes, os preferidos são 7x35, 8x40, 8x42 e 10x42, sendo que o primeiro número representa quantas vezes a imagem é aumentada e o segundo número representa o diâmetro das lentes e informa a quantidade de luz;

Vale lembrar que cada tipo de ave tem uma distância limite de tolerância quanto à aproximação do observador. Ultrapassado esse limite, ela fugirá ou se esconderá. A regra de ouro é caminhar cuidadosamente, em silêncio tanto quanto possível e sem movimentos bruscos. O melhor horário para observar é entre o nascer do sol e o final da manhã. À tarde, após as quinze horas e até antes do anoitecer. Não esquecer do repelente de insetos.

Para quem gosta de aves, nada é mais excitante do que flagrar suas atividades no ambiente natural. Inevitavelmente e continuamente vai se surpreender, afinal, são quase 2.000 aves diferentes no Brasil e 10.000 no planeta.

Proteja a Natureza: não retire e muito menos descarte qualquer tipo de material durante a observação.

Bird watching

There is an ancient relationship between man and bird. Prehistoric man was a hunter and throughout the centuries this relationship between hunter and hunted continued. There is, however, a current aspect that represents evolution: man is hunting less and observing more.

There are millions of birdwatchers across the planet. In Brazil there is still a lot of room for growth. However, there are already groups of observers and professionals, some of them highly capable, who guide and teach observation and photography techniques. In any case, anyone can choose to carry out that activity independently and learn from their own mistakes and successes.

There are several portable field recorders used to attract birds, with a directional microphone, which are quite effective. However, they require technical knowledge and the right approach, which sometimes result in long periods of total immobility.

Pure and accidental observation has no major restrictions. Observation takes place with the naked eye or with binoculars. For the latter, the preferred ones are 7x35, 8x40, 8x42 and 10x42, with the first number representing how many times the image is enlarged and the second number representing the diameter of the lenses and informing the amount of light.

As a reminder, each type of bird has a tolerance limit to approach the observer. Once this limit is exceeded, it will run away or hide. The golden rule is to walk carefully, as quietly as possible, making no sudden movements. The best time to observe is between sunrise and late morning. In the afternoon, after three o'clock and until before twilight. Always wear insect repellent.

For those who love birds, nothing is more exciting than catching their activities in the natural environment. Inevitably and continually, you will be surprised. After all, there are almost 2,000 different birds in Brazil and 10,000 on the planet.

Protect Nature: do not remove, much less discard, any type of material during your observation.

Paisagem e trilha na borda da Mata Atlântica

A trilha na borda da floresta geralmente é uma boa área para observação de aves, pela maior luminosidade e frequência de aves coloridas menos ariscas, atraídas pelos frutos, pelo néctar das flores etc.

Fotos de / Photos by Valéria Carvalho

Landscape and trail on the edge of the Atlantic Forest

The trail at the edge of the forest is generally a good area for bird watching, as the result of greater luminosity and frequency of less skittish colored birds, attracted by the fruits, flower nectar etc.

Biomas do Brasil – Mapa / Biomes of Brazil – Map

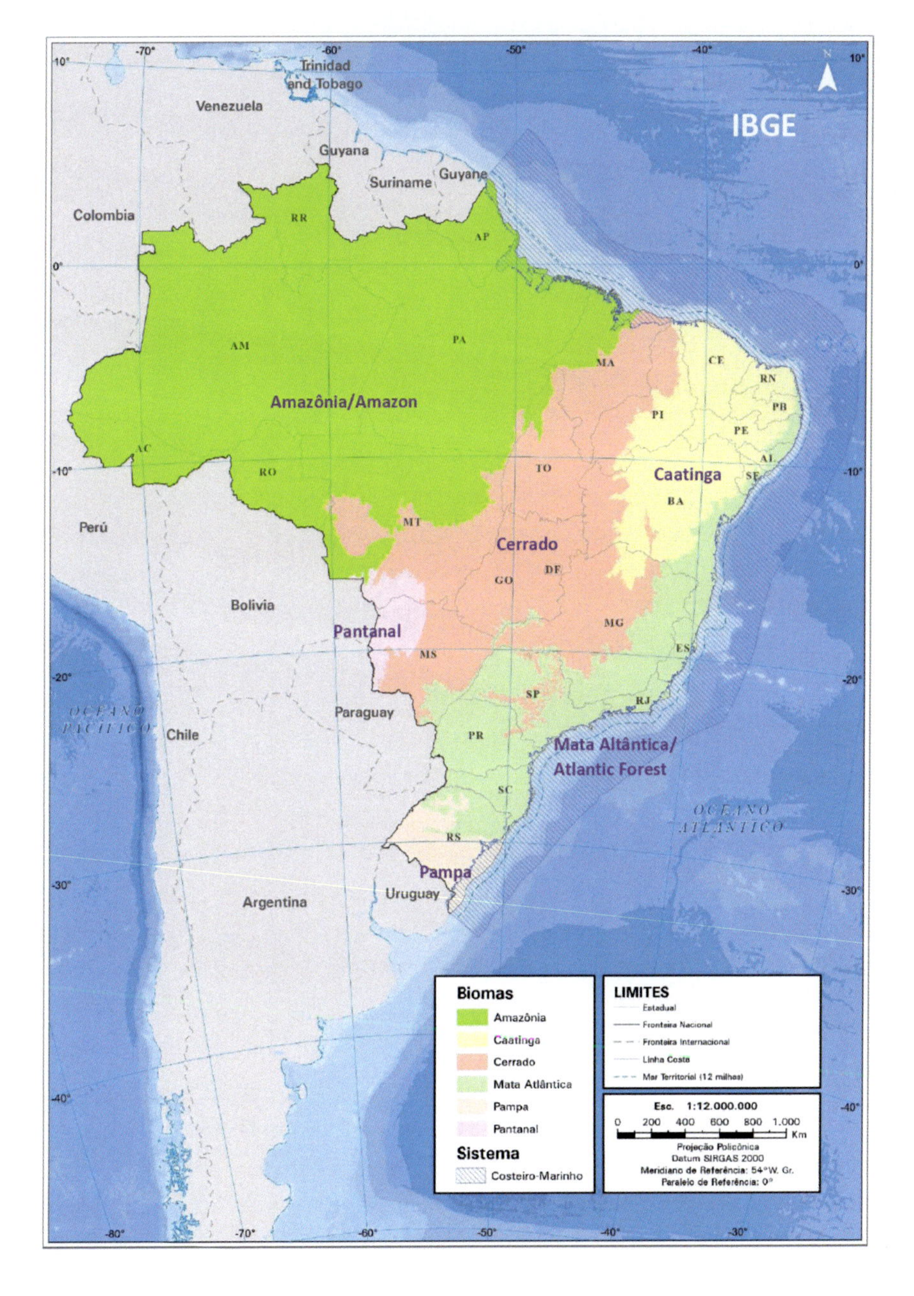

Biomas do Brasil

Biomas são áreas naturais com um determinado conjunto de vegetação e de vida animal, sob condições características de clima e de geografia.

O Brasil tem seis biomas:

- Amazônia
- Cerrado
- Caatinga
- Pantanal
- Mata Atlântica
- Pampa

Amazônia: constituído pela maior floresta tropical do mundo, que se estende por nove países da América do Sul (Brasil, Bolívia, Colômbia, Equador, Guiana, Guiana Francesa, Peru, Suriname e Venezuela) sendo que grande parte está em território brasileiro; possui também a maior bacia hidrográfica em termos de volume de água.

Clima quente e úmido.

A vegetação divide-se em Mata de Terra Firme, Mata de Várzea e Mata de Igapó.

A Mata de Terra Firme quase nunca é inundada porque ocupa as áreas mais altas. A Mata de Várzea ocupa áreas inundadas durante alguns períodos do ano e a Mata de Igapó é denominação dada a áreas praticamente inundadas o ano inteiro.

A Amazônia brasileira localiza-se nos estados do Acre, Amazonas, Roraima, Amapá, Pará e em parte do Maranhão, parte do Tocantins, parte de Rondônia e de Mato Grosso.

Nesse bioma estão registradas cerca de 950 espécies de aves.

Cerrado: está localizado na região central do Brasil, abrangendo parte do Maranhão, Piauí, Tocantins, Bahia, Rondônia, Mato Grosso, Goiás, Mato Grosso do Sul, Minas Gerais, São Paulo e Paraná; o Distrito Federal está totalmente inserido nesse bioma.

O clima tem duas estações bem definidas: verão chuvoso e inverno seco.

O relevo em geral é plano ou levemente ondulado, com planaltos e chapadões.

Vegetação baixa e rasteira, típica de savana.

É o segundo bioma mais ameaçado do Brasil, face à intensa atividade agrícola e pecuária.

Nesse bioma estão registradas cerca de 830 espécies de aves.

Caatinga: é o bioma exclusivamente brasileiro. O nome é de origem tupi-guarani e significa "Mata Branca". Cobre totalmente o estado do Ceará e parte dos estados do Piauí, Rio Grande do Norte, Paraíba, Pernambuco, Alagoas, Sergipe, Bahia e Minas Gerais.

O clima é semiárido e tem uma interessante variedade de paisagens. Entretanto, os tipos de vegetação estão bastante alterados, substituídos por pastagens e atividades agrícolas. É considerado o mais seco do Brasil.

Nesse bioma estão registradas mais de 500 espécies de aves.

Pantanal: é a maior planície de inundação contínua da Terra e é o menor bioma do Brasil em extensão. Localizado em parte do Mato Grosso e Mato Grosso do Sul, Bolívia e Paraguai.

Clima tropical: verão chuvoso e inverno seco, com características continentais.

A vegetação predominante é de Cerrado, mas também tem vegetação de Caatinga e pequenas áreas florestadas de influência amazônica e Mata Atlântica.

É uma área natural que se destaca pela variedade e quantidade de aves que se alimentam nas áreas inundadas; ótima para observação.

Nesse bioma estão registradas mais de 460 aves.

Mata Atlântica: estende-se pelo litoral do país, onde vive 50% da população do Brasil. Cobre, ou cobria, todo o litoral brasileiro desde o Rio Grande do Norte até o Rio Grande do Sul. Na Bahia, Espírito Santo, Minas Gerais, Rio de Janeiro, São Paulo, Paraná, Santa Catarina e Rio Grande do Sul, ainda existem remanescentes pelo interior desses estados, assim como no sul do Mato Grosso do Sul.

Clima diversificado devido à sua distribuição geográfica, mas com predominância do tropical úmido.

É o bioma mais ameaçado do país. Os percentuais publicados do que resta da Mata variam em torno de vinte e cinco por cento sendo que, das áreas bem preservadas, restam cerca de doze por cento. Os remanescentes florestais localizam-se em geral nas áreas de difícil acesso, como encostas de montanha. Entretanto, a devastação continua.

Nesse bioma estão registradas mais de 850 espécies de aves.

Pampa: No Brasil, cobre principalmente a parte sul do Rio Grande do Sul e atinge o Uruguai e a Argentina. O nome é de origem indígena e significa "Terra Plana".

Clima subtropical frio, com eventuais temperaturas abaixo de zero no inverno.

Vegetação típica de campos, ervas e arbustos.

Nesse bioma estão registradas mais de 560 espécies de aves.

Biomes of Brazil

Biomes are natural areas with a certain set of vegetation and animal life, under characteristic climate and geographic conditions.

Brazil has six biomes:

- Amazon
- Cerrado
- Caatinga
- Pantanal
- Atlantic Forest
- Pampa

Amazon: constituted by the largest tropical forest in the world, which extends across nine countries in South America (Brazil, Bolivia, Colombia, Ecuador, Guyana, French Guiana, Peru, Suriname and Venezuela), a large part of which is in Brazilian territory. It also has the largest river basin in terms of water volume.

Hot and humid climate.

The vegetation is divided into Dryland Forests (*Mata de Terra Firme*), the Meadows (*Mata de Várzea),* and Floodplains (*Mata de Igapó*).

The *Terra Firme* Forest is almost never flooded because it occupies the highest areas. The *Várzea* occupies areas that are flooded during some periods of the year and the *Igapó* is the name given to areas that are practically flooded throughout the year.

The Brazilian Amazon is located in the states of Acre, Amazonas, Roraima, Amapá, Pará and in part of Maranhão, part of Tocantins, part of Rondônia and Mato Grosso.

Around 950 species of birds are recorded in that biome.

Cerrado: located in the central region of Brazil, covering part of Maranhão, Piauí, Tocantins, Bahia, Rondônia, Mato Grosso, Goiás, Mato Grosso do Sul, Minas Gerais, São Paulo and Paraná; the Federal District is fully inserted in this biome.

The climate has two well-defined seasons: rainy summer and dry winter.

The relief is generally flat or slightly undulating, with plateaus.

Vegetation is low, typical of savanna.

It is the second most threatened biome in Brazil, due to intense agricultural and livestock activity.

Around 830 species of birds are recorded in that biome.

Caatinga: it is the exclusively Brazilian biome. The name is of Tupi-Guarani origin and means "White Forest". It fully covers the state of Ceará and part of the states of Piauí, Rio Grande do Norte, Paraíba, Pernambuco, Alagoas, Sergipe, Bahia and Minas Gerais.

The climate is semi-arid and has an interesting variety of landscapes. However, the types of vegetation have changed significantly, replaced by pastures and agricultural activities. It is considered the driest biome in Brazil.

More than 500 species of birds are recorded in that biome.

Pantanal: it is the largest continuous floodplain on Earth and is the smallest biome in Brazil in terms of extension. Located in part of Mato Grosso and Mato Grosso do Sul, Bolivia and Paraguay.

Tropical climate: rainy summers and dry winters, with continental characteristics.

The predominant vegetation is *Cerrado*, but there is also *Caatinga* vegetation and small forested areas influenced by the Amazon and Atlantic Forest. It is a natural area that stands out for the variety and quantity of birds that feed in the flooded areas; great for observation.

More than 460 birds are recorded in that biome.

Atlantic Forest: extends along the country's coast, where 50% of Brazil's population lives. It covers, or used to cover, the entire Brazilian coastline from Rio Grande do Norte to Rio Grande do Sul. In Bahia, Espírito Santo, Minas Gerais, Rio de Janeiro, São Paulo, Paraná, Santa Catarina and Rio Grande do Sul, there are still remnants in the interior of these states, as well as in the south of Mato Grosso do Sul.

Diverse climate due to its geographic distribution; however, the humid tropical climate predominates.

It is the most threatened biome in the country. The published percentages of what remains of the Forest vary around twenty-five percent and, of the well-preserved areas, around twelve percent. Forest remnants are generally located in areas that are difficult to access, such as mountain slopes. However, the devastation continues.

More than 850 species of birds are recorded in that biome.

Pampa: In Brazil, it mainly covers the southern part of Rio Grande do Sul and reaches Uruguay and Argentina. The name is of indigenous origin and means "Flat Earth".

Cold subtropical climate, with occasional temperatures below freezing in winter.

Typical vegetation of fields, herbs and shrubs.

More than 560 species of birds are recorded in that biome.

Uma nuvem sobre a paisagem...

É inegável que o planeta e consequentemente a Humanidade, está numa encruzilhada diante das crescentes perturbações do clima. Cientistas concordam que, em parte, essas alterações são resultantes de um ciclo natural. No entanto, sabe-se que a ação do homem está contribuindo para a aceleração do processo; poluição do ar, dos rios, dos mares e o avanço inexorável da crescente população sobre as áreas naturais.

Temos por tudo isso, um número cada vez maior de espécies de aves e outros animais seriamente ameaçados de extinção. Até quando?

No texto abaixo, temos um exemplo de simplicidade e de respeito à Natureza.

Em 1854, portanto há mais de 150 anos, o presidente dos EUA fez uma oferta a uma tribo de índios: a troca das terras deles por uma "Reserva Indígena".

A resposta do chefe Seattle, divulgada pelo Programa das Nações Unidas para o Meio Ambiente, tem sido apontada como uma das mais belas e profundas declarações já feitas em defesa da Natureza.

A seguir, três trechos dessa resposta.

"Como se pode comprar ou vender o céu, o calor da terra? Essa ideia nos parece estranha. Se não possuímos o frescor do ar e o brilho da água, como é possível comprá-los?"

"Tudo que acontece à terra, acontece aos filhos da terra. O homem não tramou o tecido da vida; ele é simplesmente um dos seus fios: o que quer que faça ao tecido, faz a si mesmo."

"...e por alguma razão especial vos deu o domínio sobre esta terra e sobre o homem vermelho. Esse destino é um mistério para nós, pois não compreendemos que todos os búfalos sejam exterminados, os cavalos bravios domados, os recantos secretos da floresta cheios do rastro de muitos homens e a vista dos morros obstruída por fios que falam. Onde está o arvoredo? Desapareceu. Onde está a águia? Desapareceu. É o final da vida e o início da sobrevivência."

A cloud over the landscape...

It is undeniable that the planet, and consequently Humanity, is at a crossroads in the face of increasing climate disruptions. Scientists agree that, in part, these changes are the result of a natural cycle. However, it is known that human action is contributing to the acceleration of the process; the pollution of the air, rivers, seas and the inexorable advance of the growing population over natural areas.

For all this, we have an increasing number of species of birds and other animals seriously threatened with extinction. Until when?

In the text below, we have an example of simplicity and respect for Nature.

In 1854, more than 150 years ago, the president of the United States made an offer to a tribe of Indians: the exchange of their lands for an "Indian Reservation".

Chief Seattle's response, released by the United Nations Environment Program, has been considered one of the most beautiful and profound statements ever made in defense of Nature.

Below are three excerpts from that response.

"How can you buy or sell the sky, the warmth of the land? The idea is strange to us. If we do not own the freshness of the air and the sparkle of the water, how can you buy them?"

"Whatever befalls the Earth - befalls the sons of the Earth. Man did not weave the web of life - he is merely a strand in it. Whatever he does to the web, he does to himself."

...and for some special purpose gave you dominion over this land and over the red man. That destiny is a mystery to us, for we do not understand when the buffalo are slaughtered, the wild horses tamed, the secret corners of the forest heavy with scent of many men, and the view of the ripe hills blotted by talking wires. Where is the thicket? Gone. Where is the Eagle? Gone. The end of living and the beginning of survival."

Nomes científicos e os correspondentes nomes populares em português, das 29 espécies incluídas neste livro

Nome Científico	Nome Popular	Página
Nemosia pileata	Saíra-de-chapéu-preto	68
Nemosia rourei	Saíra-apunhalada	70
Hemithraupis flavicollis	Saíra-galega	72
Hemithraupis guira	Saíra-de-papo-preto	74
Hemithraupis ruficapilla	Saíra-ferrugem	76
Pipraeidea melanonota	Saíra-viúva	78
Ixothraupis varia	Saíra-carijó	80
Ixothraupis punctata	Saíra-negaça	82
Ixothraupis guttata	Saíra-pintada	84
Ixothraupis xanthogastra	Saíra-de-barriga-amarela	86
Stilpnia cyanoptera	Saíra-de-cabeça-preta	88
Stilpnia nigrocincta	Saíra-mascarada	90
Stilpnia cyanicollis	Saíra-de-cabeça-azul	92
Stilpnia peruviana	Saíra-sapucaia	94
Stilpnia preciosa	Saíra-preciosa	96
Stilpnia cayana	Saíra-amarela	98
Tangara gyrola	Saíra-de-cabeça-castanha	100
Tangara schrankii	Saíra-ouro	102
Tangara fastuosa	Saíra-pintor-verdadeiro	104
Tangara seledon	Saíra-sete-cores	106
Tangara cyanocephala	Saíra-militar	108

Nome Científico	Nome Popular	Página
Tangara cyanoventris	Saíra-douradinha	110
Tangara desmaresti	Saíra-lagarta	112
Tangara mexicana	Saíra-de-bando	114
Tangara brasiliensis	Saíra-cambada-de-chaves	116
Tangara chilensis	Saíra-sete-cores-da-amazônia	118
Tangara callophrys	Saíra-opala	120
Tangara velia	Saíra-diamante	122
Tangara cyanomelas	Saíra-pérola	124

Scientific names and the corresponding popular names in English, of the 29 species included in this book

Scientific Name	Popular Name	Page
Nemosia pileata	Hooded Tanager	68
Nemosia rourei	Cherry-throated Tanager	70
Hemithraupis flavicollis	Yellow-backed Tanager	72
Hemithraupis guira	Guira Tanager	74
Hemithraupis ruficapilla	Rufous-headed Tanager	76
Pipraeidea melanonota	Fawn-breasted Tanager	78
Ixothraupis varia	Dotted Tanager	80
Ixothraupis punctata	Spotted Tanager	82
Ixothraupis guttata	Speckled Tanager	84
Ixothraupis xanthogastra	Yellow-bellied Tanager	86
Stilpnia cyanoptera	Black-headed Tanager	88
Stilpnia nigrocincta	Masked Tanager	90
Stilpnia cyanicollis	Blue-necked Tanager	92
Stilpnia peruviana	Black-backed Tanager	94
Stilpnia preciosa	Chestnut-backed Tanager	96
Stilpnia cayana	Burnished-buff Tanager	98
Tangara gyrola	Bay-headed Tanager	100
Tangara schrankii	Green-and-gold Tanager	102
Tangara fastuosa	Seven-colored Tanager	104
Tangara seledon	Green-headed Tanager	106
Tangara cyanocephala	Red-necked Tanager	108

Scientific Name	**Popular Name**	**Page**
Tangara cyanoventris	Gilt-edged Tanager	110
Tangara desmaresti	Brassy-breasted Tanager	112
Tangara mexicana	Turquoise Tanager	114
Tangara brasiliensis	White-bellied Tanager	116
Tangara chilensis	Paradise Tanager	118
Tangara callophrys	Opal-crowned Tanager	120
Tangara velia	Opal-rumped Tanager	122
Tangara cyanomelas	Silver-breasted Tanager	124

Nome científico: *Nemosia pileata*

Nome popular: saíra-de-chapéu-preto

Subespécies: *N. p. hypoleuca, N. p. surinamensis, N. p. pileata, N. p. interna, N. p. nana, N. p. caerulea.*

Tamanho: 13 cm

Estado de conservação: menos preocupante (LC).

Fêmea: semelhante ao macho, mas não tem a mancha preta na cabeça e da garganta até a barriga a cor é amarelada e não branca.

Distribuição geográfica: Guianas, Venezuela, Colômbia, Equador, Peru, Bolívia, Paraguai, Uruguai, Argentina e no Brasil: Amazônia campestre, Nordeste, Sudeste, Sul e Centro-oeste.

Informações complementares: habita as regiões de cerrado e outras áreas de vegetação rala; bordas de mata e clareiras, geralmente aos pares e raramente em bandos mistos.

* * *

Scientific name: *Nemosia pileata*

Popular name: Hooded Tanager

Subspecies: *N. p. hypoleuca, N. p. surinamensis, N. p. pileata, N. p. interna, N. p. nana, N. p. caerulea.*

Size: 13 cm

Conservation status: least concern (LC).

Female: similar to the male, but does not have the black spot on the head. From the throat to the belly the color is yellowish rather than white.

Geographic distribution: Guianas, Venezuela, Colombia, Ecuador, Peru, Bolivia, Paraguay, Uruguay, Argentina and in Brazil: rural Amazon, Northeast, Southeast, South and Central-West. Additional information: inhabits *cerrado* regions and other areas with sparse vegetation; forest edges and clearings, usually in pairs and rarely in mixed flocks.

Nome científico: *Nemosia rourei*

Nome popular: saíra-apunhalada

Subespécies: não tem.

Tamanho: 14 cm

Estado de conservação: criticamente em perigo (CR).

Fêmea: semelhante ao macho.

Distribuição geográfica: região serrana do Espírito Santo e possivelmente na região limítrofe de Minas Gerais.

Informações complementares: espécie extremamente ameaçada de extinção; foi redescoberta em 1941 por Helmut Sick. Recentemente foram avistados alguns exemplares na região serrana do Espírito Santo. Vive em casais ou grupos familiares. Raramente é vista em grupos mistos.

* * *

Scientific name: *Nemosia rourei*

Popular name: Cherry-throated Tanager

Subspecies: none.

Size: 14 cm

Conservation status: critically endangered (CR).

Female: similar to the male.

Geographic distribution: mountainous region of the state of Espírito Santo and possibly in the border region of the state of Minas Gerais.

Additional information: species extremely threatened with extinction; it was rediscovered in 1941 by Helmut Sick. Recently some specimens were sighted in the mountainous region of Espírito Santo. Lives in couples or family groups. It is rarely seen in mixed groups.

Nome científico: *Hemithraupis flavicollis*

Nome popular: saíra-galega

Subespécies: *H. f. ornata, H.f. albigularis, H. f. peruana, H. f. aurigularis, H. f. hellmayri, H. f. flavicollis, H. f. obidensis, H. f. sororia, H. f. centralis, H. f. melanoxantha, H. f. insignis.*

Tamanho: 14 cm

Estado de conservação: menos preocupante (LC).

Fêmea: barriga e peito amarelo-pálido, píleo, nuca e dorso verde-oliváceo.

Distribuição geográfica: Amazonas, Amapá, litoral de Pernambuco até ao Rio de Janeiro, e Minas Gerais.

Informações complementares: habita a copa das árvores, floresta de terra firme, de várzea e áreas mais abertas, que atravessa sozinha, ou em casal.

* * *

Scientific name: *Hemithraupis flavicollis*

Popular name: Yellow-backed Tanager

Subspecies: *H. f. ornata, H.f. albigularis, H. f. peruana, H. f. aurigularis, H. f. hellmayri, H. f. flavicollis, H. f. obidensis, H. f. sororia, H. f. centralis, H. f. melanoxantha, H. f. insignis.*

Size: 14 cm

Conservation status: least concern (LC).

Female: pale yellow belly and breast, olive green crown, nape and back.

Geographic distribution: Amazonas, Amapá, coastal Pernambuco to Rio de Janeiro, and Minas Gerais.

Additional information: it inhabits the treetops, *Terra Firme* and *Várzea* forests and more open areas, which it crosses alone, or in pairs.

Nome científico: *Hemithraupis guira*

Nome popular: saíra-de-papo-preto

Subespécies: *H. g. nigrigula, H. g. roraimae, H. g. guirina, H. g. huambina, H. g. boliviana, H.g. amazonica, H. g. guira, H. g. fosteri.*

Tamanho: 13 cm

Estado de conservação: menos preocupante (LC).

Fêmea: lado dorsal verde-oliváceo, lado ventral amarelo-pálido, píleo, nuca e dorso acinzentados, portanto, semelhante à fêmea da espécie anterior, porém, em tons mais claros.

Distribuição geográfica: Guianas, Venezuela, Colômbia, Equador, Peru, Bolívia, Paraguai, Argentina e no Brasil, em todas as regiões do país.

Informações complementares: habita a copa das árvores, bordas de mata, capoeira, áreas de cerrado, parques e quintais. É vista aos pares ou em pequenos grupos e raramente acompanha bandos mistos.

* * *

Scientific name: *Hemithraupis guira*

Popular name: Guira Tanager

Subspecies: *H. g. nigrigula, H. g. roraimae, H. g. guirina, H. g. huambina, H. g. boliviana, H.g. amazonica, H. g. guira, H. g. fosteri.*

Size: 13 cm

Conservation status: least concern (LC).

Female: olive green dorsal side, pale yellow ventral side, greyish crown, nape and back, therefore similar to the female of the previous species, however, in lighter shades.

Geographic distribution: Guianas, Venezuela, Colombia, Ecuador, Peru, Bolivia, Paraguay, Argentina and Brazil, in all regions of the country.

Additional information: it inhabits the treetops, forest edges, grassland, savannah areas, parks and backyards. It is seen in pairs or small groups and rarely accompanies mixed flocks.

Nome científico: *Hemithraupis ruficapilla*

Nome popular: saíra-ferrugem

Subespécies: *H. r. bahiae, H. r. ruficapilla.*

Tamanho: 12,8 cm

Estado de conservação: menos preocupante (LC).

Fêmea: quase toda esverdeada; mais clara na parte ventral.

Distribuição geográfica: restrita ao sul da Bahia e Minas Gerais até Santa Catarina.

Informações complementares: habita a copa das árvores, matas, borda de florestas secundárias, bosques abertos, parques sombreados. Ativa nos níveis altos das florestas. Ocorre aos pares, famílias, pequenos grupos e frequentemente em bandos mistos.

* * *

Scientific name: *Hemithraupis ruficapilla*

Popular name: Rufous-headed Tanager

Subspecies: *H. r. bahiae, H. r. ruficapilla.*

Size: 12.8 cm

Conservation status: least concern (LC).

Female: almost all greenish; lighter on the ventral part.

Geographic distribution: restricted to the south of Bahia and Minas Gerais to Santa Catarina.

Additional information: inhabits the canopy of trees, forests, edges of secondary forests, open woodlands, shady parks. Active in the upper levels of forests. It is seen in pairs, families, small groups and often in mixed flocks.

Nome científico: *Pipraeidea melanonota*

Nome popular: saíra-viúva

Subespécies: *P. m. venezuelensis, P. m. melanonota.*

Tamanho: 15 cm

Estado de conservação: menos preocupante (LC).

Fêmea: semelhante ao macho, mas com cores mais pálidas

Distribuição geográfica: Venezuela, Colômbia, Equador, Peru, Bolívia, Paraguai, Uruguai, Argentina e Brasil da Bahia e Minas Gerais até ao Rio Grande do Sul

Informações complementares: vive aos casais no alto das matas, inclusive em matas de araucária; borda de matas, capoeiras e restingas. No inverno desce ao nível do mar. Não tem o hábito de juntar-se a bandos mistos. Visita comedouros próximos à sua área de circulação.

* * *

Scientific name: *Pipraeidea melanonota*

Popular name: Fawn-breasted Tanager

Subspecies: *P. m. venezuelensis, P. m. melanonota.*

Size: 15 cm

Conservation status: least concern (LC).

Female: similar to the male, but with paler colors.

Geographic distribution: Venezuela, Colombia, Ecuador, Peru, Bolivia, Paraguay, Uruguay, Argentina and Brazil from Bahia and Minas Gerais to Rio Grande do Sul.

Additional information: lives in couples high in the forests, including in Araucaria forests; edge of forests, *capoeiras* and *restingas*. In winter it drops to sea level. It is not used to joining mixed groups. They visit feeders close to their circulation area.

Nome científico: *Ixothraupis varia*

Nome popular: saíra-carijó

Subespécies: não tem

Tamanho: 11 cm

Estado de conservação: menos preocupante (LC).

Fêmea: semelhante ao macho, mas cores mais claras.

Distribuição geográfica: Guianas, Venezuela, Colômbia, Peru e no Brasil no Amazonas, Pará e norte do Mato Grosso.

Informações complementares: habita florestas úmidas, florestas secundárias, bordas de mata, áreas próximas à mata e plantações.

* * *

Scientific name: *Ixothraupis varia*

Popular name: Dotted Tanager

Subspecies: none

Size: 11 cm

Conservation status: least concern (LC).

Female: similar to the male, but lighter colors.

Geographic distribution: Guianas, Venezuela, Colombia, Peru and Brazil in Amazonas, Pará and northern Mato Grosso.

Additional information: inhabits humid forests, secondary forests, forest edges, areas close to forests and plantation.

Nome científico: *Ixothraupis punctata*

Nome popular: saíra-negaça

Subespécies: *I. p. zamorae, I. p. perenensis, I. p. annectens, I. p. punctulata, I. p. punctata.*

Tamanho: 12 cm

Estado de conservação: menos preocupante (LC).

Fêmea: semelhante ao macho.

Distribuição geográfica: Guianas, Venezuela, Colômbia, Equador e Brasil no Amazonas, Amapá, Pará e Maranhão.

Informações complementares: frequenta a copa das árvores nas florestas úmidas, florestas secundárias e bordas. Desloca-se na copa das árvores, solitária, em pequenos grupos ou bandos mistos. Desce para comer frutos em arbustos.

* * *

Scientific name: *Ixothraupis punctata*

Popular name: Spotted Tanager

Subspecies: *I. p. zamorae, I. p. perenensis, I. p. annectens, I. p. punctulata, I. p. punctata.*

Size: 12 cm

Conservation status: least concern (LC).

Female: similar to the male.

Geographic distribution: Guianas, Venezuela, Colombia, Ecuador and Brazil in Amazonas, Amapá, Pará and Maranhão.

Additional information: can be found in the canopy of trees in humid forests, secondary forests and edges. It moves in the treetops, solitary, in small groups or mixed flocks. Comes down to eat fruit on bushes.

Nome científico: *Ixothraupis guttata*

Nome popular: saíra-pintada

Subespécies: *I. g. eusticta, I. g. tolimae, I. g. bogotensis, I. g. chrysophrys, I. g. trinitatis, I. g. guttata.*

Tamanho: 13,5 cm

Estado de conservação: menos preocupante (LC).

Fêmea: semelhante ao macho.

Distribuição geográfica: Costa Rica, Panamá, Trinidad, Suriname, Venezuela, Colômbia e Brasil restrita a Roraima, no Cerro Uei-Tepui e Serra Parima.

Informações complementares: habita bordas de florestas, árvores e arbustos em áreas abertas inclusive, próximo a habitações humanas.

* * *

Scientific name: *Ixothraupis guttata*

Popular name: Speckled Tanager

Subspecies: *I. g. eusticta, I. g. tolimae, I. g. bogotensis, I. g. chrysophrys, I. g. trinitatis, I. g. guttata.*

Size: 13.5 cm

Conservation status: least concern (LC).

Female: similar to the male.

Geographic distribution: Costa Rica, Panama, Trinidad, Suriname, Venezuela, Colombia and Brazil restricted to Roraima, Cerro Uei-Tepui and Serra Parima.

Additional information: inhabits forest edges, trees and shrubs in open areas, including close to human habitations.

Nome científico: *Ixothraupis xanthogastra*

Nome popular: saíra-de-barriga-amarela

Subespécies: *I. x. xanthogastra, I. x. pelpsi.*

Tamanho: 12 cm

Estado de conservação: menos preocupante (LC).

Fêmea: semelhante ao macho.

Distribuição geográfica: Venezuela, Colômbia, Equador, Peru, Bolívia e Brasil na região fronteiriça com a Venezuela.

Informações complementares: ocorre tanto no dossel das florestas de terra firme quanto nas de várzea e árvores emergentes da região. Considerada a saíra mais abundante das encostas dos Tepuis.

* * *

Scientific name: *Ixothraupis xanthogastra*

Popular name: Yellow-bellied Tanager

Subspecies: *I. x. xanthogastra, I. x. pelpsi.*

Size: 12 cm

Conservation status: least concern (LC).

Female: similar to the male.

Geographic distribution: Venezuela, Colombia, Ecuador, Peru, Bolivia and Brazil in the border region with Venezuela.

Additional information: it can be seen both in the canopy of *Terra Firme* and in the *Várzea* forests and emerging trees in the region. Considered the most abundant tanager on the slopes of the Tepuis.

Nome científico: *Stilpnia cyanoptera*

Nome popular: saíra-de-cabeça-preta

Subespécies: *S. c. cyanoptera, S. c. whitelyi*

Tamanho: 13 cm

Estado de conservação: menos preocupante (LC).

Fêmea: esverdeada com a cabeça cinza-azulada, dorso, peito e barriga, amarelados.

Distribuição geográfica: Venezuela, Colômbia e norte do Brasil em Roraima.

Informações complementares: habita as montanhas da região nas bordas das florestas, inclusive secundárias, e matas ralas. É vista sozinha, aos pares e raramente em grupos mistos.

* * *

Scientific name: *Stilpnia cyanoptera*

Popular name: Black-headed Tanager

Subspecies: *S. c. cyanoptera, S. c. whitelyi*

Size: 13 cm

Conservation status: least concern (LC).

Female: greenish with a bluish-gray head, yellowish back, chest and belly.

Geographic distribution: Venezuela, Colombia and northern Brazil in Roraima.

Additional information: it inhabits the mountains of the region on the edges of forests, including secondary ones, and thin forests. It is seen alone, in pairs and rarely in mixed groups.

Nome científico: *Stilpnia nigrocincta*

Nome popular: saíra-mascarada

Subespécies: não tem

Tamanho: 12 cm

Estado de conservação: menos preocupante (LC).

Fêmea: semelhante ao macho.

Distribuição geográfica: Guiana, Venezuela, Colômbia, Equador, Peru, Bolívia e no Brasil, Acre, Amazonas, Roraima, Rondônia, Mato Grosso e Pará.

Informações complementares: vive em florestas de terra firme e de várzea, borda e fragmentos de mata, florestas secundárias e plantações densas.

* * *

Scientific name: *Stilpnia nigrocincta*

Popular name: Masked Tanager

Subspecies: none

Size: 12 cm

Conservation status: least concern (LC).

Female: similar to the male.

Geographic distribution: Guyana, Venezuela, Colombia, Ecuador, Peru, Bolivia and in Brazil, Acre, Amazonas, Roraima, Rondônia, Mato Grosso and Pará.

Additional information: lives in *Terra Firme* and *Várzea* forests, forest edges and fragments, secondary forests and dense plantations.

Nome científico: *Stilpnia cyanicollis*

Nome popular: saíra-de-cabeça-azul

Subespécies: *S. c. hannahiae, S. c. granadensis, S. c. caeruleocephala, S. c. cyanopygia, S. c. cyanicollis, S. c. melanogaster, S. c. albotibialis.*

Tamanho: 12 cm

Estado de conservação: menos preocupante (LC).

Fêmea: semelhante ao macho, mas na cabeça tem a cor azul mais clara.

Distribuição geográfica: Venezuela, Colômbia, Equador, Peru, Bolívia e Brasil no sul do Pará e Goiás.

Informações complementares: vive nas florestas de galeria, palmeirais e bordas de mata, dependendo da região. Evita florestas densas. Vive em pequenos grupos.

* * *

Scientific name: *Stilpnia cyanicollis*

Popular name: Blue-necked Tanager

Subspecies: *S. c. hannahiae, S. c. granadensis, S. c. caeruleocephala, S. c. cyanopygia, S. c. cyanicollis, S. c. melanogaster, S. c. albotibialis.*

Size: 12 cm

Conservation status: least concern (LC).

Female: similar to the male, but the head is lighter blue.

Geographic distribution: Venezuela, Colombia, Ecuador, Peru, Bolivia and Brazil in the south of Pará and Goiás.

Additional information: lives in gallery forests, palm groves and forest edges, depending on the region. Avoids dense forests. Lives in small groups.

Nome científico: *Stilpnia peruviana*

Nome popular: saíra-sapucaia

Subespécies: não tem

Tamanho: 14 cm

Estado de conservação: vulnerável; quase ameaçada (NT).

Fêmea: menos colorida; cabeça marrom claro e o restante do corpo em tons esverdeados.

Distribuição geográfica: Brasil, do Espírito Santo ao longo da costa até o Rio Grande do Sul.

Informações complementares: é migratória; no inverno se desloca da região Sul para o Rio de Janeiro e Espírito Santo. Habita o alto das árvores, borda de matas, capoeiras, baixadas litorâneas, restingas, pastagens e a vegetação ao longo dos rios, raramente em grupos mistos.

Curiosidade: Não ocorre no Peru.

População em declínio.

* * *

Scientific name: *Stilpnia peruviana*

Popular name: Black-backed Tanager

Subspecies: none

Size: 14 cm

Conservation status: vulnerable; near threatened (NT).

Female: less colorful; light brown head and the rest of the body in greenish shades.

Geographic distribution: Brazil, from Espírito Santo along the coast to Rio Grande do Sul.

Additional information: it is migratory. In winter it moves from the southern region to Rio de Janeiro and Espírito Santo. It inhabits the tops of trees, the edges of forests, *capoeiras*, coastal lowlands, *restingas*, pastures and vegetation along rivers, rarely in mixed groups.

Interesting fact: It is not found in Peru.

Declining population.

Nome científico: *Stilpnia preciosa*

Nome popular: saíra-preciosa

Subespécies: não tem

Tamanho: 15 cm

Estado de conservação: menos preocupante (LC).

Fêmea: semelhante ao macho, mas cores mais claras e asas esverdeadas.

Distribuição geográfica: Paraguai, Uruguai, Argentina e Brasil do litoral de São Paulo até ao Rio Grande do Sul.

Informações complementares: vive aos casais e em grupos inclusive mistos no interior e bordas das florestas; também é vista onde existem araucárias. Pousa em locais abertos e frequenta comedouros próximos às matas.

Anteriormente era considerada subespécie de *Stilpnia peruviana*.

* * *

Scientific name: *Stilpnia preciosa*

Popular name: Chestnut-backed Tanager

Subspecies: none

Size: 15 cm

Conservation status: least concern (LC).

Female: similar to the male, but lighter colors and greenish wings.

Geographic distribution: Paraguay, Uruguay, Argentina and Brazil from the coast of São Paulo to Rio Grande do Sul.

Additional information: lives in couples and in groups, including mixed groups, in the interior and edges of forests; It is also seen in locations where there are araucaria trees. It lands in open places and visits feeders close to forests.

Previously it was considered a subspecies of *Stilpnia peruviana*.

Nome científico: *Stilpnia cayana*

Nome popular: saíra-amarela

Subespécies: *S. c. flava, S. c. chloroptera, S. c. sincipitalis, S. c. huberi, S. c. margaritae, S. c. cayana, S. c. fulvescens.*

Tamanho: 14 cm

Estado de conservação: menos preocupante (LC).

Fêmea: tem alguma semelhança com o macho, porém, as cores são levemente desbotadas e não possui a máscara negra.

Distribuição geográfica: ocorre das Guianas e Venezuela à Amazônia, Brasil Central, Nordeste, Sudeste e Paraná; Paraguai.

Informações complementares: encontra-se em matas ciliares, bordas de floresta, capoeiras, parques e quintais das cidades, geralmente em casais ou pequenos grupos familiares. Desce em comedouros.

Expandiu-se com o desmatamento.

Alguns autores consideram a *S. c. flava*, como espécie autônoma.

* * *

Scientific name: *Stilpnia cayana*

Popular name: Burnished-buff Tanager

Subspecies: *S. c. flava, S. c. chloroptera, S. c. sincipitalis, S. c. huberi, S. c. margaritae, S. c. cayana, S. c. fulvescens.*

Size: 14 cm

Conservation status: least concern (LC).

Female: has some resemblance to the male. However, the colors are slightly faded and it does not have a black mask.

Geographic distribution: occurs in the Guyanas and Venezuela; Brazil in the Amazon, up to Paraná; Paraguay.

Additional information: it is found in ciliary forests, forest edges, *capoeiras*, parks and backyards in cities, generally in couples or small family groups. It visits feeders.

It expanded with deforestation.

Some authors consider *S. c. flava*, as an autonomous species.

Nome científico: *Tangara gyrola*

Nome popular: saíra-de-cabeça-castanha

Subespécies: *T. g. bangsi, T. g. deleticia, T. g. nupera, T. g. catharinae, T. g. parva, T. g. albertinae, T. g. toddi, T. g. viridissima, T. g. gyrola.*

Tamanho: 13,5 cm

Estado de conservação: menos preocupante (LC).

Fêmea: semelhante ao macho.

Distribuição geográfica: da Costa Rica e Guianas à Bolívia e no Brasil, sul e nordeste do Pará.

Informações complementares: vive em áreas montanhosas, florestas e beira de mata, por vezes a pouca altura; desloca-se sozinha, aos pares, em pequenos grupos, mas também em grupos mistos.

* * *

Scientific name: *Tangara gyrola*

Popular name: Bay-headed Tanager

Subspecies: *T. g. bangsi, T. g. deleticia, T. g. nupera, T. g. catharinae, T. g. parva, T. g. albertinae, T. g. toddi, T. g. viridissima, T. g. gyrola.*

Size: 13.5 cm

Conservation status: least concern (LC).

Female: similar to the male.

Geographic distribution: from Costa Rica and Guianas to Bolivia and Brazil, south and northeast of Pará.

Additional information: lives in mountainous areas, forests and forest edges, sometimes at low altitudes; moves alone, in pairs, in small groups, but also in mixed groups.

Nome científico: *Tangara schrankii*

Nome popular: saíra-ouro

Subespécies; *T. s. venezuelana, T. s. schrankii*

Tamanho: 13,5 cm

Estado de conservação: menos preocupante (LC).

Fêmea: semelhante ao macho, mas com a área preta da cabeça, menor.

Distribuição geográfica: Venezuela, Colômbia, Equador, Peru, Bolívia e no Brasil, Amazonas, Pará e Mato Grosso.

Informações complementares: vive na altura média das árvores em mata de várzea e, ocasionalmente, aparece nas clareiras com árvores. Acompanha grupos dos quais participa a saíra sete-cores-da-amazônia (*T. chilensis*). É abundante.

* * *

Scientific name: *Tangara schrankii*

Popular name: Green-and-gold Tanager

Subspecies: *T. s. venezuelana, T. s. schrankii*

Size: 13.5 cm

Conservation status: least concern (LC).

Female: similar to the male, but with a black area on the head, and smaller in size.

Geographic distribution: Venezuela, Colombia, Ecuador, Peru, Bolivia and in Brazil, Amazonas, Pará and Mato Grosso.

Additional information: lives at the average height of trees in the *Várzea* and occasionally appears in clearings with trees. It accompanies groups where the Paradise Tanager (*T. chilensis*) is found. It's abundant.

Nome científico: *Tangara fastuosa*

Nome popular: saíra-pintor-verdadeiro

Subespécies: não tem

Tamanho: 13,5 cm

Estado de conservação: vulnerável (VU).

Fêmea: semelhante ao macho.

Distribuição geográfica: restrita ao litoral da Paraíba, Pernambuco e Alagoas.

Informações complementares: ameaçada de extinção, face ao desflorestamento principalmente para a cultura de cana de açúcar, caça e área restrita de ocorrência. Vive em áreas remanescentes, altamente fragmentadas e degradadas, compostas principalmente por embaúbas (*Cecropia spp*). Associa-se a bandos mistos.

* * *

Scientific name: *Tangara fastuosa*

Popular name: Seven-colored Tanager

Subspecies: none

Size: 13.5 cm

Conservation status: vulnerable (VU).

Female: similar to the male.

Geographic distribution: restricted to the coast of Paraíba, Pernambuco and Alagoas.

Additional information: threatened with extinction due to deforestation, mainly for sugar cane cultivation, hunting and restricted extent of occurrence. It lives in remaining, highly fragmented and degraded areas, composed mainly of *embaúbas* (*Cecropia spp*). It joins mixed flocks.

Nome científico: *Tangara seledon*

Nome popular: saíra-sete-cores

Subespécies: não tem

Tamanho: 13,5 cm

Estado de conservação: menos preocupante (LC).

Fêmea: semelhante ao macho, com cores menos intensas.

Distribuição geográfica: Paraguai, Argentina e Brasil da Bahia e Minas Gerais até ao Rio Grande do Sul.

Informações complementares: participa de bandos mistos de diversos tamanhos, frequentemente associada com a saíra-militar (*Tangara cyanocephala*). Vive em todos os extratos das florestas da região serrana e nas baixadas, onde é mais frequente; florestas secundárias, borda das matas úmidas, restingas, pequenas clareiras com arbustos, parques e jardins. Desce em comedouros.

Curiosidade: não há consenso quanto ao fato dessa saíra ter realmente sete cores.

* * *

Scientific name: *Tangara seledon*

Popular name: Green-headed Tanager

Subspecies: none

Size: 13.5 cm

Conservation status: least concern (LC).

Female: similar to the male, with less intense colors.

Geographic distribution: Paraguay, Argentina and Brazil from Bahia and Minas Gerais to Rio Grande do Sul.

Additional information: participates in mixed flocks of different sizes, often associated with the red-necked tanager (*Tangara cyanocephala*). It lives in all extracts of forests in the mountainous region and in the lowlands, where it is most common; secondary forests, edges of humid forests, *restingas*, small clearings with bushes, parks and gardens. It visits feeders.

Interesting fact: there is no consensus as to whether this tanager actually has seven colors.

Nome científico: *Tangara cyanocephala*

Nome popular: saíra-militar

Subespécies: *T. c. cearensis, T. c. corallina, T. c. cyanocephala.*

Tamanho: 10 e 13,5 cm.

Estado de conservação: *T. c. cearensis*-vulnerável (VU). *T. c. corallina* e *T. c. cyanocephala,* menos preocupante (LC).

Fêmea: semelhante ao macho, mas com cores menos intensas.

Distribuição geográfica: Paraguai, Argentina e no Brasil, do Ceará ao Rio Grande do Sul.

Informações complementares: vive na caatinga, regiões serranas, baixadas, parques e jardins. Participa de bandos mistos, nas montanhas com a saíra-douradinha (*Tangara cyanoventris*) e nas baixadas com a saíra-sete-cores (*Tangara seledon*). Desce em comedouros perto das matas.

* * *

Scientific name: *Tangara cyanocephala*

Popular name: Red-necked Tanager

Subspecies: *T. c. cearensis, T. c. corallina, T. c. cyanocephala.*

Size: 10 and 13.5 cm.

Conservation status: *T. c. cearensis*-vulnerable (VU). *T.c. corallina* and *T. c. cyanocephala*, least concern (LC).

Female: similar to the male, but with less intense colors.

Geographic distribution: Paraguay, Argentina and Brazil, from Ceará to Rio Grande do Sul.

Additional information: lives in the *caatinga*, mountainous regions, lowlands, parks and gardens. It can be seen in mixed flocks, in the mountains with the gilt-edged Tanager (*Tangara cyanoventris*) and in the lowlands with the green--headed Tanager (*Tangara seledon*). It visits feeders near the forests.

Nome científico: *Tangara cyanoventris*

Nome popular: saíra-douradinha

Subespécies: não tem

Tamanho: 13,5 cm

Estado de conservação: menos preocupante (LC).

Fêmea: semelhante ao macho.

Distribuição geográfica: da Bahia e Minas Gerais até São Paulo.

Informações complementares: mais abundante nas matas das regiões serranas, onde forma bandos com a saíra-militar *(Tangara cyanocephala*) e com a saíra-lagarta *(Tangara desmaresti*); habita também as baixadas, plantações e parques. Vive mais a meia altura e na parte mais baixa da floresta.

* * *

Scientific name: *Tangara cyanoventris*

Popular name: Gilt-edged Tanager

Subspecies: none

Size: 13.5 cm

Conservation status: least concern (LC).

Female: similar to the male.

Geographic distribution: from Bahia and Minas Gerais to São Paulo.

Additional information: more abundant in the forests of mountainous regions, where it forms flocks with the red-necked tanager (*Tangara cyanocephala*) and the brassy-breasted tanager (*Tangara desmaresti*). It also inhabits lowlands, plantations and parks. It lives more at mid-height and in the lowest parts of the forest.

Nome científico: *Tangara desmaresti*

Nome popular: saíra-lagarta

Subespécies: não tem

Tamanho: 13,5 cm

Estado de conservação: menos preocupante (LC).

Fêmea: semelhante ao macho.

Distribuição geográfica: ocorre do Espírito Santo e Minas Gerais até Santa Catarina.

Informações complementares: vive no dossel e bordas das florestas úmidas de montanha, matas de araucária e capoeiras. No inverno, pode descer para a mata de vales. Frequentemente forma bandos de 6 a 12 indivíduos, inclusive com outras espécies, notadamente a saíra-douradinha (*Tangara cyanoventris*); é vista também aos pares e grupos familiares. É a saíra mais abundante em florestas de montanha.

* * *

Scientific name: *Tangara desmaresti*

Popular name: Brassy-breasted Tanager

Subspecies: none

Size: 13.5 cm

Conservation status: least concern (LC).

Female: similar to the male.

Geographic distribution: occurs from Espírito Santo and Minas Gerais to Santa Catarina.

Additional information: lives in the canopy and edges of humid mountain forests, *araucaria* forests and *capoeiras*. In winter, it goes down to the forest in the valleys. It often forms flocks of 6 to 12 individuals, also with other species, mainly the gilt-edged tanager (*Tangara cyanoventris*); It is also seen in pairs and family groups. It is the most abundant tanager in mountain forests.

Nome científico: *Tangara mexicana*

Nome popular: saíra-de-bando

Subespécies: *T. m. vieilloti, T. m. media, T. m. mexicana, T. m. boliviana*

Tamanho: 13 cm

Estado de conservação: menos preocupante (LC).

Fêmea: semelhante ao macho.

Distribuição geográfica: Guianas, Venezuela, Colômbia, Equador, Peru, Bolívia e no Brasil, Pará, Tocantins e Mato Grosso.

Informações complementares: sempre em grupos de até 10 indivíduos, no alto das matas, capoeiras e plantações arborizadas; também em áreas rurais e urbanas. Por vezes acompanha bandos mistos.

Curiosidade: não ocorre no México.

* * *

Scientific name: *Tangara mexicana*

Popular name: Turquoise Tanager

Subspecies: *T. m. vieilloti, T. m. media, T. m. mexicana, T. m. boliviana*

Size: 13 cm

Conservation status: least concern (LC).

Female: similar to the male.

Geographic distribution: Guianas, Venezuela, Colombia, Ecuador, Peru, Bolivia and in Brazil, Pará, Tocantins and Mato Grosso.

Additional information: always in groups of up to 10 individuals, high in forests, *capoeiras* and wooded plantations; and also, in rural and urban areas. Sometimes it accompanies mixed flocks.

Interesting fact: It is not found in Mexico.

Nome científico: *Tangara brasiliensis*

Nome popular: saíra-cambada-de-chaves

Subespécies: não tem

Tamanho: 14 cm

Estado de conservação: menos preocupante (LC).

Fêmea: semelhante ao macho.

Distribuição geográfica: Brasil, do litoral da Bahia até ao Rio de Janeiro.

Informações complementares: frequenta o dossel e as bordas de matas, capoeiras, restingas e às vezes áreas abertas próximas; das baixadas costeiras até 500m de altura. Bandos de 3 a 7 indivíduos, às vezes 10, geralmente separados de bandos mistos. Sua população tem diminuído drasticamente no Rio de Janeiro.

Curiosidade: o seu nome popular saíra-cambada-de-chaves, provem do seu canto lembrar o chacoalhar de chaves.

Anteriormente era considerada subespécie da *Tangara mexicana*.

* * *

Scientific name: *Tangara brasiliensis*

Popular name: White-bellied Tanager

Subspecies: none

Size: 14 cm

Conservation status: least concern (LC).

Female: similar to the male.

Geographic distribution: Brazil, from the coast of Bahia to Rio de Janeiro.

Additional information: it can be found on the canopies and the edges of forests, *capoeiras, restingas* and sometimes nearby open areas; from coastal lowlands up to 500m high. Flocks of 3 to 7 individuals, sometimes 10; usually separated from mixed flocks. Its population has decreased drastically in Rio de Janeiro.

Interesting fact: its popular name in Portuguese, which is *saíra-cambada--de-chaves* (bunch of keys tanager), comes from its singing which sounds like the shaking of keys.

It was previously considered a subspecies of the *Tangara Mexicana*.

Nome científico: *Tangara chilensis*

Nome popular: saíra-sete-cores-da-amazônia

Subespécies: *T. c. paradisea, T. c. coelicolor, T. c. chilensis, T. c. chlorocolys*

Tamanho: 13,5 cm

Estado de conservação: menos preocupante (LC).

Fêmea: semelhante ao macho.

Distribuição geográfica: Guianas, Venezuela, Colômbia, Equador, Peru, Bolívia e Brasil em Rondônia, Amazonas, Pará e Mato Grosso.

Informações complementares: vive nas copas e também a meia altura das matas, principalmente de várzea. Forma grupos de 4 a 10 indivíduos e participa de bandos com outras saíras, onde se encontra com frequência a saíra-ouro *(Tangara schrankii)*. É uma ave agitada e barulhenta.

Curiosidade: não ocorre no Chile.

* * *

Scientific name: *Tangara chilensis*

Popular name: Paradise Tanager

Subspecies: *T. c. paradisea, T. c. coelicolor, T. c. chilensis, T. c. chlorocolys*

Size: 13.5 cm

Conservation status: least concern (LC).

Female: similar to the male.

Geographic distribution: Guianas, Venezuela, Colombia, Ecuador, Peru, Bolivia and Brazil in Rondônia, Amazonas, Pará and Mato Grosso.

Additional information: it lives in the canopies and also in the middle of the forests, mainly in the *Várzea*. It forms groups of 4 to 10 individuals and can be seen in flocks with other tanagers, where the green-and-gold tanager (*Tangara schrankii*) is frequently found. It is a restless and noisy bird.

Interesting fact: it is not found in Chile.

Nome científico: *Tangara callophrys*

Nome popular: saíra-opala

Subespécies: não tem

Tamanho: 14,5 cm

Estado de conservação: menos preocupante (LC).

Fêmea: semelhante ao macho.

Distribuição geográfica: Colômbia, Peru e região amazônica do oeste do Brasil ao sul do Rio Amazonas.

Informações complementares: habita florestas de terra firme e de várzea, bordas de mata e plantações densas próximas. Geralmente vistas sozinhas, aos pares e pequenos bandos da espécie, que separadamente, seguem grupos mistos.

* * *

Scientific name: *Tangara callophrys*

Popular name: Opal-crowned Tanager

Subspecies: none

Size: 14.5 cm

Conservation status: least concern (LC).

Female: similar to the male.

Geographic distribution: Colombia, Peru and the Amazon region of western Brazil south of the Amazon River.

Additional information: inhabits *Terra Firme* and *Várzea* forests, forest edges and dense plantations nearby. Generally seen alone, in pairs and small flocks of the species, which separately follow mixed groups.

Nome científico: *Tangara velia*

Nome popular: saíra-diamante

Subespécies: *T. v. iridina, T. v. velia, T. v. signata*

Tamanho: 13,8 cm

Estado de conservação: *T. v. signata*-vulnerável-VU. *T. v. iridina e T. v. velia,* menos preocupante (LC).

Fêmea: semelhante ao macho.

Distribuição geográfica: Guianas, Venezuela, Colômbia, Equador, Peru, Bolívia e no Brasil, Amazonas, Pará e Mato Grosso.

Informações complementares: vive na copa das árvores, às vezes aos pares ou em grupos reduzidos; participa de bandos mistos bastante numerosos; frequenta florestas de terra firme, de várzea e secundárias. Como é característica das saíras, visita epífitas buscando alimento e banho.

* * *

Scientific name: *Tangara velia*

Popular name: Opal-rumped Tanager

Subspecies: *T. v. iridina, T. v. velia, T. v. signata*

Size: 13.8 cm

Conservation status: *T. v. signata*-vulnerable-VU. *T.v. iridina* and *T. v. velia,* least concern (LC).

Female: similar to the male.

Geographic distribution: Guianas, Venezuela, Colombia, Ecuador, Peru, Bolivia and in Brazil, Amazonas, Pará and Mato Grosso.

Additional information: lives in the treetops, sometimes in pairs or small groups; participates in quite numerous mixed groups. It can be seen in *Terra Firme, Várzea* and secondary forests. It visits epiphytes looking for food and bathing, which is characteristic of tanagers.

Nome científico: *Tangara cyanomelas*

Nome popular: saíra-pérola

Subespécies: não tem

Tamanho: 14 cm

Estado de conservação: menos preocupante (LC).

Fêmea: semelhante ao macho.

Distribuição geográfica: região costeira do Brasil, de Pernambuco ao Rio de Janeiro.

Informações complementares: bordas de matas, capoeirões e áreas abertas próximas; baixadas costeiras principalmente do Espírito Santo até Pernambuco. Anteriormente era considerada subespécie de *Tangara velia*.

* * *

Scientific name: *Tangara cyanomelas*

Popular name: Silver-breasted Tanager

Subspecies: none

Size: 14 cm

Conservation status: least concern (LC).

Female: similar to the male.

Geographic distribution: coastal region of Brazil, from Pernambuco to Rio de Janeiro.

Additional information: it is found in the edges of forests, *capoeirões* and nearby open areas; coastal lowlands mainly from Espírito Santo to Pernambuco. Previously it was considered a subspecies of *Tangara velia*.

Saíra-sete-cores (*Tangara seledon*) (págs. 106/107): uma das mais bonitas e mais fáceis de se observar e fotografar. Fotos tiradas com celular por JSC.

* * *

Green-headed Tanager (*Tangara seledon*) (pages 106/107): one of the most beautiful and easiest to observe and photograph. Photos taken with cell phone by JSC.

Bibliografia / Bibliography

As informações aqui constantes são originárias da vivência do autor e de consultas às fontes abaixo indicadas.
The information in here comes from the author's experience and from consultations with the sources indicated below.

Assumpção, A. O Tangará Dançarino. I-5, 1-4 e 16. SOBoletim. 1985. São Paulo.

Carvalho, J.S. Saíra Pintor Verdadeiro. II-10, 15-16 SOBoletim, 1986. São Paulo.

Comitê Brasileiro de Registros Ornitológicos (CBRO). Lista das Aves do Brasil. 13ª edição, 2021.

Del Hoyo, J. & Collar, N.J. HBW and BirdLife International Illustrated Checklist of the Birds of the World. Volume 2: Passerines. 2016. Lynx Edicions, Barcelona.

Del Hoyo, J., Elliot, A., Christie, D. Handbook of the Birds of the World. Volume 16. Tanagers to New World Blackbirds. 2011. Lynx Edicions, Barcelona.

Endrigo, E., Braz, V., França, F. Aves da Chapada dos Viadeiros. 1ª edição. 2008. Aves & Fotos Editora. São Paulo.

Grantsau, R. Guia Completo para Identificação das Aves do Brasil. Volume 2. 2010. Editado por Haroldo Palo Jr. Vento Verde. São Carlos.

Haffer, J. Avian Speciation in Tropical South America. 1974. The Nuttall Ornithological Club, nº 14.

Hilty, L., Brown, W.L. A Guide to the Birds of Colombia. 1986. Princeton University Press, Princeton.

IBGE – Instituto Brasileiro de Geografia e Estatística. Mapa de Biomas do Brasil.

ICMBio, 2023. Sistema de Avaliação de Risco de Extinção da Biodiversidade – SALVE.

Isler, M. L., Isler, P. R. The Tanagers. Natural History, Distribution and Identification. 1987. Oxford University Press and Smithsonian Institution Press. Washington.

Macedo, I. T., Cohn-Haft, M. (textos), d'Affonseca, A. (fotos). Aves da Região de Manaus. 2012. Editora INPA. Manaus.

Pineschi, R.B., Aves como dispersoras de sete espécies de *Rapanea* (Myrsinaceae) no maciço do Itatiaia, estados do Rio de Janeiro e Minas Gerais. Ararajuba-Revista Brasileira de Ornitologia. Vol.1, 73-78, Agosto de 1990. Sociedade Brasileira de Ornitologia, Rio de Janeiro.

Ridgely, R. S., Tudor, G. The Birds of South America. First Edition, 1989. University of Texas Press. Austin.

Santos, E. Pássaros do Brasil. 3ª edição, revista e ampliada. 1960. F. Briguiet & Cia., Editores. Rio de Janeiro.

Sick, H. Ornitologia Brasileira. Edição revista e ampliada por J. F. Pacheco. 2ª impressão. 1997. Editora Nova Fronteira. Rio de Janeiro.

Straube, F. C., Deconto, L. R., Vallegos, M. A. V. Guia do Observador de Aves--Reserva Natural Salto Morato. 1ª edição. 2013. Fundação Grupo Boticário de Proteção à Natureza. Curitiba

Wege, D. C., Long, A. J. Key Areas for Threatened Birds in the Neotropics. 1995. BirdLife International. Cambridge.

Willis, E. O., Oniki, Y. Ilustrações de Sigrist, T. Aves do Estado de São Paulo. 2003. Edição dos Autores. Rio Claro.

Winkler, D. W., Billerman, S.M., Lovette, I. J. Birds Families of the World: An Invitation of the Spectacular Diversity of Birds. 2015. Lynx Edicions. Barcelona.

WikiAves.

Créditos das Fotos das Saíras / Tanagers Photo Credits

Anselmo d'Affonseca (1 foto/photo) (p. 87).

Edson Endrigo (25 fotos/photos) (p. 69, 71, 73, 75, 77, 79, 81, 83, 85, 87, 89, 91, 93, 95, 97, 99, 101, 103, 105, 107, 109, 111, 113, 117 e 119; capa e contracapa/ front and back cover).

Marco Aurelio da Cruz (1 foto/photo) (p. 85).

Robson Czaban (1 foto/photo) (p. 121).

Sergio Gregorio da Silva (1 foto/photo) (p. 89).